BEI GRIN MACHT SICH IHR WISSEN BEZAHLT

- Wir veröffentlichen Ihre Hausarbeit,
  Bachelor- und Masterarbeit

- Ihr eigenes eBook und Buch -
  weltweit in allen wichtigen Shops

- Verdienen Sie an jedem Verkauf

Jetzt bei www.GRIN.com hochladen und kostenlos publizieren

Jonas Stecher

Geomorphologische und paläoklimatische Datierungsfragen

Datierungsmethoden für das Spätglazial und das Holozän im alpinen Umfeld

GRIN Verlag

Bibliografische Information der Deutschen Nationalbibliothek:

Die Deutsche Bibliothek verzeichnet diese Publikation in der Deutschen National-
bibliografie; detaillierte bibliografische Daten sind im Internet über http://dnb.d-
nb.de/ abrufbar.

Impressum:

Copyright © 2014 GRIN Verlag GmbH
Druck und Bindung: Books on Demand GmbH, Norderstedt Germany
ISBN: 978-3-656-68068-0

Dieses Buch bei GRIN:

http://www.grin.com/de/e-book/275225/geomorphologische-und-palaeoklimatische-
datierungsfragen

DATIERUNGSFRAGEN
im geomorphologischen und paläoklimatologischen Kontext

SEMINARARBEIT
zur
EXKURSION ZUM GLOBALEN WANDEL

WESTALPEN

SOMMERSEMESTER 2014

Erstellt von
Jonas Stecher

LEOPOLD-FRANZENS-UNIVERSITÄT INNSBRUCK

FAKULTÄT FÜR GEO- UND ATMOSPHÄRENWISSENSCHAFTEN
INSTITUT FÜR GEOGRAPHIE

Innsbruck, Mai 2014

I

Inhaltsverzeichnis

1   Einleitung

1.1   Fragestellungen

Die Datierung oder Altersbestimmung, auch als Geochronologie bezeichnet hat sich in den letzten Jahren zu einer eigenständigen Wissenschaft entwickelt. Neben der alleinigen Frage nach dem Alter von Fundstücken oder geomorphologischer Formationen steht diese Wissenschaft in engem Zusammenhang mit der durchgehenden Rekonstruktion der Landschaftsgeschichte sowie des Paläo-Klimas. Letztere ist besonders im Fokus des globalen Klimawandels wesentlich geworden. In der Diskussion, ob die aktuelle offensichtliche Klimaerwärmung nun anthropogen, also von Menschen verursacht wird oder wie frühere Klimaschwankungen natürlich bedingt ist sind paläoklimatische Forschungen unerlässlich.

(Gebhardt, et al., 2003)

Die vorliegende Arbeit gibt einen Überblick über verschiedene Datierungsmethoden und deren Einsatzbereiche. Dabei stehen Datierungsfragen im Zeitraum von der letzen Eiszeit bis heute mit dem Bezug zur Glaziologie und der Datierung im Hochgebirge im Fokus.

1.2   Methoden der Altersbestimmung

In der Altersbestimmung wird prinzipiell zwischen relativen und absoluten Methoden unterschieden.

Mit relativen Methoden kann lediglich ermittelt werden ob ein Objekt älter oder jünger ist als ein anderes. Dadurch können zwar Zeitfolgen aufgestellt werden, das Alter in Jahren kann dabei aber nicht ermittelt werden.

Absolute Methoden können das numerische Alter ermitteln. Dieses wird durch ein absolutes Datum sowie einer Fehlertoleranz angegeben. Die Fehlertoleranz kann allerdings auch nur mit einer gewissen Wahrscheinlichkeit angegeben werden. Hierbei gibt es genauere und weniger genaue Verfahren. (Gebhardt, et al., 2003)

Auf ausgewählte Verfahren wird nun näher eingegangen.

2   Radiokarbon oder ^{14}C-Methode

2.1   Grundlagen und Prinzip

Die Radiokarbon oder ^{14}C – Methode ist aufgrund ihrer vielseitigen Einsatzmöglichkeit das am häufigsten verwendete geochronologische Verfahren. Das Verfahren
beruht wie alle Radioisotopen-Verfahren auf den zeitabhängigen (von äußeren Ein-
flüssen unabhängigen) zerfall radioaktiver Stoffe. Das radioaktive Kohlenstoffisotop
^{14}C wird in der oberen Atmosphäre aus Stickstoff ^{14}N und aus durch kosmische
Strahlung erzeugten Neutronen gebildet. Die Konzentration ist sehr gering und beträgt ca. 1 ^{14}C-Teilchen pro 10^{12} ^{12}C-Teilchen. Das radioaktive Isotop unterliegt von
da an dem Zerfall in ^{14}N. Da sich ^{14}C chemisch genauso verhält wie das stabile ^{12}C
wird des in den Kohlenstoffkreislauf integriert und von Lebewesen aufgenommen.
Solange diese am Leben sind, wird ein ^{14}C-Gleichgewicht aufrecht erhalten (siehe
Abbildung 1). Nach dem Tod aber steht das Lebewesen nicht mehr im Austausch mit
^{14}C-Quellen, wodurch aufgrund des radioaktiven Zerfalles die Konzentration und damit die Radioaktivität folgender Gleichung exponentiell abnehmen.

$$I = I_0 e^{-\lambda t}$$

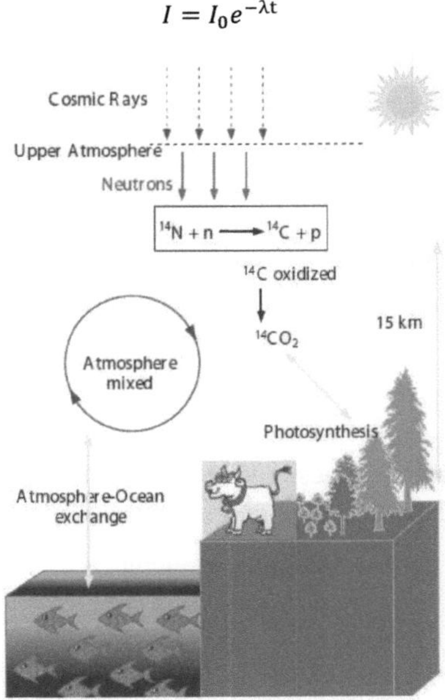

Abbildung 1: Produktion und Verbreitung von kosmogenem ^{14}C (Iraka, 2008)

Die Zeit, die vergeht bis von der ursprünglichen Konzentration nur noch die Hälfte vorhanden ist, wird Halbwertszeit genannt. (Goudie, 1998)

2.2 Messung der Konzentration

Aus der untersuchten Probe muss chemisch u.a. mit Säure-Lauge-Behandlung reiner Kohlenstoff reduziert werden.

Bei der klassischen Methode mittels Zählrohr wird die Aktivität der Verbrennungsgase, hauptsächlich CO_2 mittels Zählen der Zerfälle gemessen. Hierfür sind aber große Mengen an Probenmaterial in der Größenordnung von 1 kg nötig. Da von einem Mol einer modernen Probe nur ca. 3 Zerfälle pro Sekunde gezählt werden können, ist die Probendauer relativ lange und das Verfahren nicht sehr genau.

Seit 1977 wird erfolgreich die Beschleunigungs-Massenspektrographie, kurz AMS angewandt. Hierbei können die radioaktiven Atome direkt, also ohne das „Abwarten" ihres Zerfalls gemessen werden. Das Verfahren erreicht in einer Probenzeit von einer halben Stunde eine Effizienz, für das das Zählrohrverfahren 80 Jahre brauchen würde. Zudem eröffnen die geringen Probenmengen im mg-Bereich eine weitaus größere Einsatzmöglichkeit der Radiokarbonmethode.

(Goudie, 1998), (Pfeifer, 2006)

2.3 Interpretation des Alters und Kalibrierung

Im Jahr 1950 wurde die Halbwertszeit als 5568 ±30 Jahre bestimmt, welche heute als „Libby-Halbwertszeit" bekannt ist. Aufgrund späterer Untersuchungen wurde der Wert auf 5730 ±40 Jahre angegeben.

Die ursprüngliche Annahme des konstanten ^{14}C-Niveaus in der Atmosphäre hat sich später leider als falsch erwiesen. Die Produktion des ^{14}C in der Atmosphäre hängt von der Sonnenaktivität sowie den Abschirmungseffekten des nicht konstanten Erdmagnetfeldes ab. Außerdem kann älterer, also bereits zerfallener Kohlenstoff in Kohlenstoffreservoirs wie den Ozeanen und Lagerstätten gespeichert werden.

In den letzten Jahrhunderten kamen zudem anthropogen bedingte Effekte hinzu. Nennenswert ist hier die Verringerung des ^{14}C-Gehaltes durch die Verbrennung fossilen also alten Kohlenstoff (Suess-Effekt) und die Erhöhung radioaktiven Kohlenstoffs durch Kernwaffen. (Goudie, 1998)

Das „Rohdatum" einer Probe aus dem AMS-Labor wird in Jahren vor heute (vor 1950) mit dem Zusatz *BP* angegeben. Um eine Angabe des Alters im Sonnenkalender angeben zu können, müssen die Werte kalibriert werden. Kalibrierte Altersangaben werden mit *calBP* oder *calBC* gekennzeichnet. Große Fortschritte in der Kalibrierung brachte *Stuiver* und *Pearson* 1986 durch hochpräzise ^{14}C-Messungen an mittels Dendrochronologie datierten Douglasien, Mammutbäumen und Eichen bis ca. 12.000 Jahre vor heute (vgl. Kap. 3). Aus dem Radiokarbon-Alter kann mittels der Kalibrationskurve (siehe Abbildung 2) das Alter in Kalenderjahren errechnet werden. (Goudie, 1998)

Darüber hinaus gibt es eine neue Kalibrierung an einer Warvenchronologie aus dem japanischen Suigetsu-See bis 53.000 vor heute. (Wikipedia, 2005)

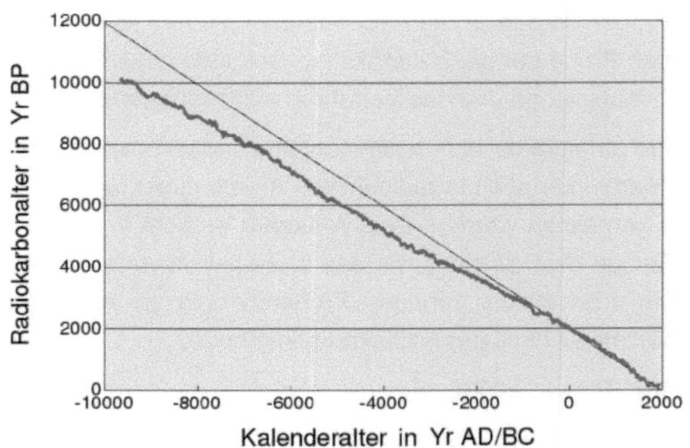

Abbildung 2: ^{14}C-Kalibrationskurve. (Wik01 nach Stuiver et al.)

Schwankungen der ^{14}C-Kurve können bei zahlreichen relativ datierten Proben an einem Fundort verwendet werden, um das Alter präziser einzugrenzen. Beim sogenannten Wiggle-Matching wird entschieden, in welchen Abschnitt der Kalibrationskurve die ermittelte Folge am exaktesten passt.

Zum ermittelten Alter einer Probe wird das 95%-Konfidenzintervall, angegeben. Hier sind Messtoleranz sowie die Schwankungen der Kalibrationskurve enthalten.

(Goudie, 1998)

2.4   Datierbare Proben

Im Prinzip kommt jedes Material, das einmal Teil eines Organismus war für die ^{14}C-Datierung in Frage.

Holz gilt für die Methode als am besten geeignet. Holzreste wie Zweige oder ganze Baumstämme werden in Mooren, Gletschermoränen und auch im Eis selbst gefunden.

Organische Bodensubstanz wird oftmals als Schichten in Seitenmoränen von Gletschern gefunden. Allerdings kann die Bodenschicht durchmischt sein, was zu einer fehlerhaften Datierung führt.

Neben organischen Substanzen können tierische Reste wie mumifizierte Körper (Eismann), Knochen und Muschelschalen zur Datierung verwendet werden.

Zu Datierende Proben können durch umgebendes, jüngeres oder älteres kohlenstoffhaltiges Material (Wasser, Kalk, Boden) kontaminiert werden, was ebenfalls zu einer Verfälschung führt. (Goudie, 1998)

3   Dendrochronologie

3.1   Grundlagen und Prinzip

Unter der Dendrochronologie im weiteren Sinne versteht man alle Teilgebiete der Jahrringforschung. Im engeren Sinne bezeichnet man damit das Datieren von lebenden und toten Hölzern auf Basis des Abzählens von Jahrringen und durch Messung der Jahrringbreiten.

Bäume in den gemäßigten Breiten bilden aufgrund zyklischen Wachstums Jahrringe aus. Zu Beginn der Vegetationsperiode werden zunächst große, dünnwandige Zellen gebildet während gegen Ende kleinere, dickwandige Zellen gebildet werden. Die Schwankungen diverser ökologischer Faktoren am Standort der Bäume können sich auf die Breite und die Qualität des Holzzuwachses und damit auf die Jahrringbreite auswirken. Als wichtigsten Faktoren seien hier folgende genannt:

- Temperatur, Niederschlag und Grundwasserspiegel
- Lawinen und Massenbewegungen
- Gletscherbewegungen
- Bodenbeschaffenheit und –chemismus
- Schädlingsbefall und Konkurrenz
- Feuer, Vulkanausbrüche

Die unregelmäßige Abfolge von breiteren und schmaleren Jahrringen nennt man Jahrringserie. Durch die Untersuchung von Jahrringserien von rezenten (lebenden) und historischen Hölzern (z.B. Bauhölzer, subfossile Hölzer) kann nach Überlappungsbereichen (im Idealfall ca. 100 Jahre) mit gleichem „Schwankungsmuster" gesucht werden. An den Überlappungsstellen können die Serien miteinander verknüpft werden, was eine lückenlose, <u>auf das Jahr genaue</u> Datierung ermöglicht. Das Prinzip ist in Abbildung 3 schematisch dargestellt. (Schweingruber, 1993)

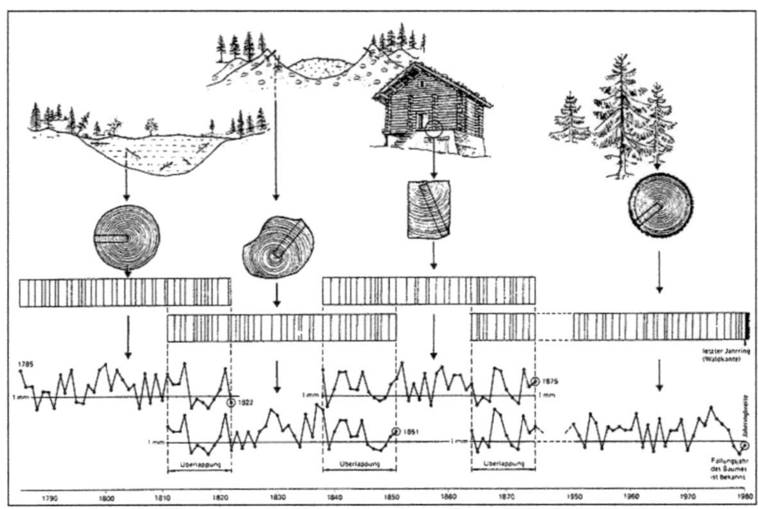

Abbildung 3: Prinzip des Synchronisierens (Crossdating)
(Schweingruber, 1993)

Bei sehr guten Lebensbedingungen bilden Bäume indifferente Jahrringserien aus, wohingegen Bäume, die nahe der Existenzgrenze herangewachsen sind stark schwankende, sogenannte sensitiven Jahrringreihen ausbilden. In alpinen Gebieten ist die Waldgrenze eine solche Zone. Daher wird neben der Lärche vor allem die Zirbe (*Pinus Cembra* L.) als typischer Baum des Waldgrenzen-Ökoton verwendet.

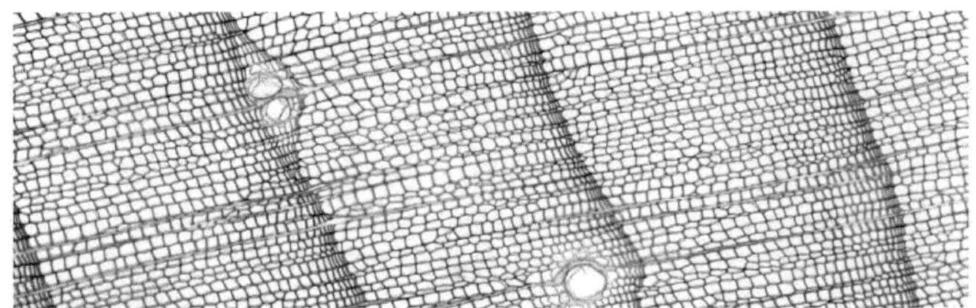

Abbildung 4: Mikroskopisch vergrößertes Jahrringbild der Zirbe
(Mikroskopie-Forum, 2011)

Proben aus dem Waldgrenzbereich lassen sich mit solchen anderer Bäume aus tiefer gelegenen Alpengbieten allerdings nicht synchronisieren. Daher gab es bis zum Ende des 20. Jahrhunderts keine hochalpinen Chronologien, die die letzen rund 1000 Jahre überschritten. In den letzten Jahren gelang es aber anhand des Datenmaterials einer Vielzahl von rezenten und subfossilen Proben, eine durchgehende, kalendergenaue Chronologie der letzen ca. 9100 Jahre zu erstellen (siehe Abbildung 5). (Nicolussi, 2009)

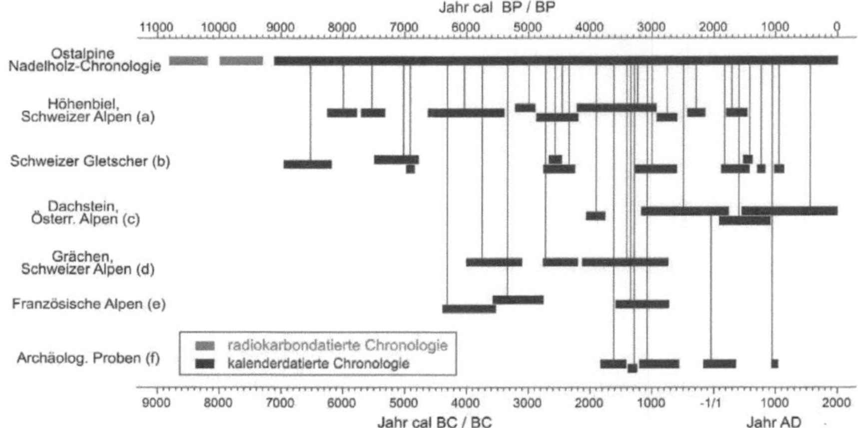

Abbildung 5: Das alpine Netzwerk der Nadelholz-Jahrringserien und Chronologien. (Nicolussi & Patzelt, 2006)

3.2 Dendroökologie und Klimarekonstruktion

Unter der Dendroökologie versteht man die Wissenschaft, die sich mit den Zusammenhängen der Ökologischen Faktoren (siehe 3.1) und dem Jahrringbild von Bäumen beschäftigt. Durch Untersuchungen der Reaktionen von lebenden Bäumen auf Ökologische Veränderungen können diese mit dem Wachstum in Verbindung gebracht werden (Klima-Wachstums-Beziehung). (Schweingruber, 1993), (Zrost, 2004)

Die Alpine Walgrenze stellt eine klimasensitive Grenzzone dar. Hier kann ein einziger Faktor über das Bestehen von Bäumen entscheiden (Nicolussi & Patzelt, 2006). Die Zirbe als typischer Waldgrenzbildner kommt als erste für denrochronologische und dendroökologische Untersuchungen in alpinen Gebieten in Frage. Subfossile Hölzer werden in Mooren, Gletschereis und Moränen konserviert (siehe Abbildung 6). Je nach Lage der Fundorte bezeugen sie ein wärmeres oder kälteres Klima, als das derzeit vorherrschende.

Abbildung 6: Subfossiler Zirbenstamm in einem Moor.
(Zrost 2004 nach Nicolussi 2002)

An vielen Alpengletschern wurden durch den Gletscherrückgang freigelegte Hölzer unmittelbar an den Enden der Gletscherzungen gefunden. Als Beispiel dafür sei der Tschierva Gletscher im Engadin (siehe Abbildung 7). Diese Baumreste sind ausnahmslos mindestens 4000 Jahre alt und wurden durch einen späteren Gletschervorstoß überfahren. Sie zeugen von kleineren Gletscherständen als die aktuellen. (Nicolussi, 2009)

Abbildung 7: Der Tschierva-Gletscher in der Bernina-Gruppe, Engadin (Nicolussi, 2009)

Aus der höhenmäßigen Verteilung einer Vielzahl von datierten Holzproben (siehe Abbildung 8) kann das Klima im Holozän rekonstruiert werden.

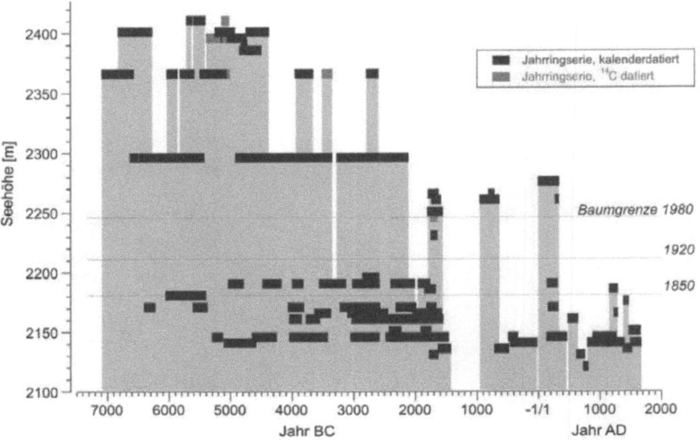

Abbildung 8: Die höhenmäßige Verteilung in Abhängigkeit der Wachstumszeit von Holzfunden aus dem inneren Kaunertal. (Nicolussi, 2009)

Im Zuge der aktuellen Klimaerwärmung ist ebenfalls ein deutlicher Anstieg der Waldgrenze zu beobachten. Neben eines ersten Anstiegs ließ sich um ca. 1860 lässt sich vor allem in den letzten 25 Jahren ein deutlicher Anstieg des Jungwuchses beobachten. Die Perioden des Waldgrenzanstieges gehen zeitgleich mit deutlichen Gletscherrückgängen einher. Daher kann auch eine Korrelation der beiden Faktoren auch in der Vergangenheit angenommen werden. (Nicolussi & Patzelt, 2006)

3.3   Schwierigkeiten der indirekten Datierungsmethoden

Eine Schwierigkeit der indirekten Methoden (^{14}C-Methode und Dendrochronologie) besteht darin, dass nicht in allen Sedimenten und Moränen organisches Reste bzw. Baumstämme vorhanden sind. Außerdem kann es vorkommen, dass das Alter der Proben vom Alter der Ablagerungen abweicht. (Kerschner, 2009)

Ebenso kann der Fundort vom Wachstumsstandort abweichen. In diesem Fall spricht man von Nicht-in-Situ-Proben. Bei In-Situ-Proben weist beispielsweise das Wurzelwerk darauf hin, dass der Fundort auch der Wachstumsstandort des Baumes ist. (Kerschner, 2009).

4   Surface Exposure Dating mittels kosmogener Nuklide

4.1   Grundlagen

Surface exposure dating oder *Exposure age dating*, in Deutsch auch als Oberflächen-Expositions-Datierung bekannt, ist eine Methode zur Ermittlung des Zeitraumes, in dem Gesteinsmaterial frei oder nahe an der Oberfläche exponiert war. Die Methode mittels kosmogener Nuklide hat sich in der Quartärchronologie zu einer leistungsfähigen Methode entwickelt. Der besondere Wert dieser Datierungsmethode liegt darin, dass damit das Gesteinsmaterial direkt und damit unabhängig von 14C-datierbaren organischen Resten datiert werden kann. Außerdem liegt die mögliche Altersspanne theoretisch zwischen 100 und 10 Mio. Jahren.

(Ivy-Ochs & Kobler, 2008)

4.2   Prinzip der Methode

Kosmogene Nuklide werden im Laufe der Zeit in an der Oberfläche exponierten Mineralien durch kosmische Strahlung aufgebaut. Die Datierung erfolgt durch die Messung der Konzentration und der Konzentrationsverhältnisse der Nuklide in der Gesteinsoberfläche.

Die Erde ist ständig einer kosmischen Strahlung (solar und galaktisch) ausgesetzt, die sich vorwiegend aus Neutronen und α-Teilchen zusammensetzt. Die Strahlung wird durch das Erdmagnetfeld polwärts abgelenkt. Beim Durchdringen der Atmosphäre reduziert sich die Intensität und Zusammensetzung der Strahlung, wodurch auf der Erdoberfläche hauptsächlich Neutronen ankommen.

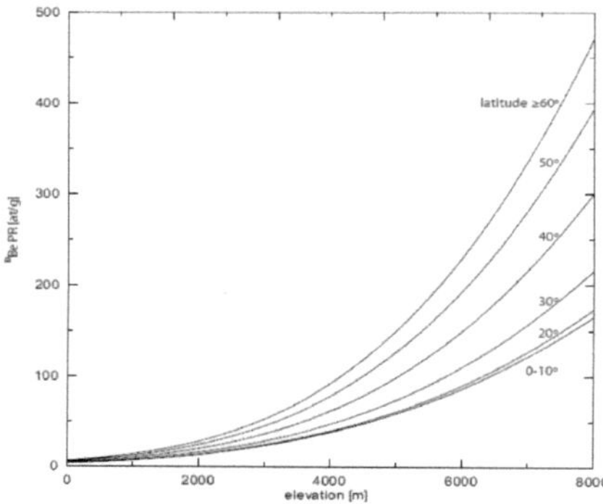

Abbildung 9: Produktion von 10Be in Quarz in Abhängigkeit von Seehöhe und Breitengrad
(Ivy-Ochs & Kobler, 2008)

Beim Eindringen der Strahlung in mineralische Oberflächen werden Nuklide wie ^{10}Be, ^{26}Al, ^{36}Cl, ^{3}He und ^{21}Ne durch diverse kernphysikalische Reaktionen, vorwiegend Spallation gebildet. Dabei werden aus dem getroffenen Atomkern eines oder mehrere Nukleonen (Protonen oder Neutronen) herausgelöst, wobei das Atom also sogenanntes kosmogenes Nuklid verbleibt. Der Prozess der Spallation akkumuliert Nuklide vorwiegend im ersten Meter und klingt dann signifikant ab. Stattdessen gewinnen sekundäre Reaktionen durch freigesetzte Myonen ab einer Tiefe von 2 Metern an Bedeutung. Da die Nuklide instabil sind, wird nach der ca. 3 – 4-fachen Halbwertszeit, (bei gleichzeitiger Erosion früher) ein Gleichgewicht zwischen Produktion und Zerfall erreicht (siehe Abbildung 10). Daher wird die maximal mögliche datierbare Altersspanne durch Halbwertszeit und Erosion limitiert und liegt bei geringer Erosion im Bereich von ca. 10 Mio. Jahren. Aufgrund der unterschiedlichen Halbwertszeiten kann anhand der Konzentrationsverhältnisse verschiedener Nuklide auch auf die Erosionsrate geschlossen und das Alter genauer eingegrenzt werden. (Ivy-Ochs & Kobler, 2008)

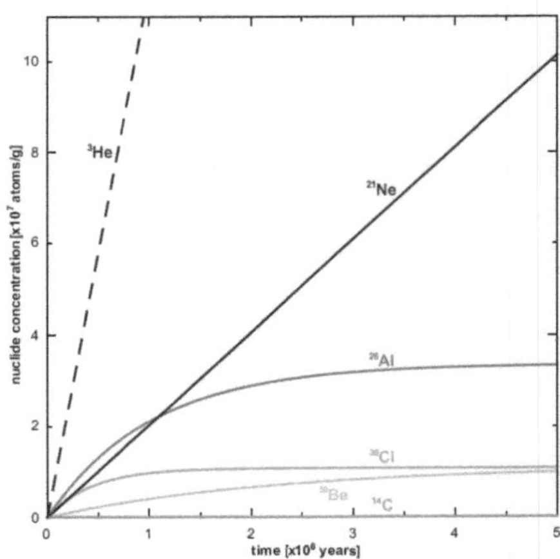

Abbildung 10: Konzentrationsverlauf bei der Akkumulation von Radionukliden
in Abhängigkeit von der Zeit. (Ivy-Ochs & Kobler, 2008)

4.3   Datierung von quartären geomorphologischen Formen

Mit der Methode können Ereignisse wie Massenbewegungen und Vulkanausbrüche sowie geomorphologische Formen wie fluviatile Ablagerungen und Gletschermoränen datiert werden. Datierungen an Felssohlen ehemaliger Gletscher können beispielsweise Aufschluss darüber geben, wie lange diese exponiert und somit eisfrei sind. Da Moränen die Ausdehnung von Gletscherzungen markieren, kann anhand deren Datierung die Vergletscherung rekonstruiert werden. Allerdings können in beiden Fällen vererbte Nuklide, also Reste einer früheren Vorbestrahlung das Ergebnis verfälschen, falls diese nicht vollständig vom Gletscher erodiert wurden.

(Ivy-Ochs & Kobler, 2008)

5   Lichenometrie

5.1   Prinzip

Das Verfahren der Lichenometrie ist entwickelt und angewandt worden, um das Alter von Gletschermoränen zu ermitteln. Das Verfahren beruht auf der Annahme des fortlaufenden Wachstums von Flechten. Die Fehlergrenze beträgt ca. 5 – 10%. In den Alpen werden unter anderen hauptsächlich *Rhizocarpon geographicum* (Landkartenflechte, siehe Abbildung 11) und oberhalb von 2000 m *Rhizocarpon alpicola* verwendet. (Masuch, 1993)

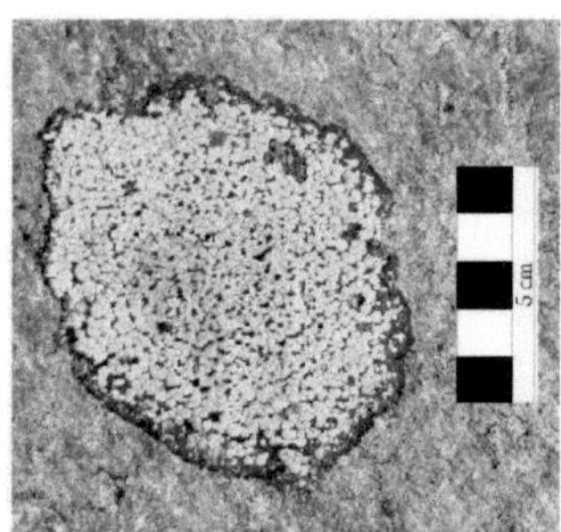

Abbildung 11: *Rhizocarpon geographicum* (Landkartenflechte)
(http://www.loetschental-plus.ch/20.html)

Das Wachstum des Thallus (Flechtenkörper) verläuft in den ersten Jahrzehnten linear, nimmt dann aber exponentiell ab und kann viele Jahrhunderte bis zu Jahrtausenden andauern. Im höheren Alter kann die Kurve wiederum als linear angenommen werden. Die Wachstumsgeschwindigkeit hängt vom Klima und dem Substrat (Gesteinstyp) im Untersuchungsgebiet ab.

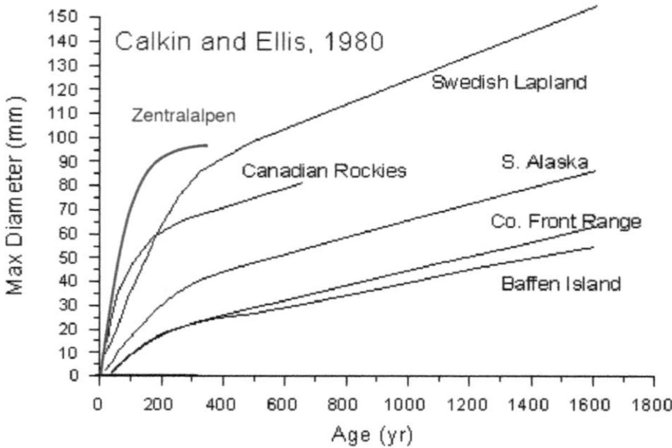

Abbildung 12: Beziehung zwischen Flechtenalter und maximalem Thallusdurchmesser
für verschiedene Standorte
in blau die Kurve für die Zentralalpen (nach Heuberger) ergänzt
(University of Arizona, 2009)

Um eine Zeit- Wachstumsbeziehung aufstellen zu können wurde der Durchmesser von Flechtenthalli auf Grabsteinen und Gebäuden gemessen, von denen der Zeitpunkt der Errichtung bekannt ist. Alternativ können Flechten auf Zweigen von Bäumen erfasst werden, deren Alter durch Dendrochronologie an den Zweigen ermittelt werden kann.

(Masuch, 1993)

5.2   Anwendung

Das Verfahren der Lichenometrie kann ähnlich wie das Verfahren der Oberflächenexpositionsdatierung mit Nukliden an Blöcken von Moränen und der Oberfläche der Felssohle angewandt werden. Die Flechten werden bei abermaliger Eisüberschiebung zerstört und siedeln sich bald nach dem Freiwerden wieder an. Daher liefert die Methode für den Zeitraum seit der letzten Eisbedeckung relativ genaue Ergebnisse.

(Masuch, 1993)

6   Literaturverzeichnis

Gebhardt, H., Glaser, R., Radtke, U. & Reuber, P., 2003. *Geographie, Physische Geographie und Humangeographie.* München: Copenhagen Diagnoisis.

Goudie, A., 1998. *Geomorphologie; ein Methodenhandbuch für Studium und Praxis.* Berlind: Springer.

Iraka, H., 2008. Radiocarbon dating and its applications. *Eiszeitalter und Gegenwart, Quaternary Science Journal,* Issue 57, pp. 2-24.

Ivy-Ochs, S. & Kobler, F., 2008. Surface exposure dating with cosmogenic nuclides. *Eiszeitalter und Gegenwart, Quaternary Science Journal,* Issue 57.

Kerschner, H., 2009. Gletscher und Klima im Alpinen Spätglazial und frühen Holozän. *alpine space - man & environment,* Issue 6: Klimawandel in Österreich.

Masuch, G., 1993. *Biologie der Flechten.* Wiesbaden: Quelle und Meyer Verlag.

Mikroskopie-Forum,   2011.   *Mikroskopie-Forum.*   [Online] Available   at: http://www.mikroskopie-forum.de/index.php?topic=8411.0 [Zugriff am 18 Mai 2014].

Nicolussi, K., 2009. Alpine Dendrochronologie – Untersuchungen zur Kenntnis der holozänen Umwelt- und Klimaentwicklung. *alpine space - man & environment,* pp. 41 - 54.

Nicolussi, K. & Patzelt, G., 2006. Klimawandel und Veränderungen an der Alpinen Waldgrenze - Aktuelle Veränderungen im Vergleich zur Nacheiszeit. *BFW-Praxisinformation,* 10, pp. 1 - 5.

Pfeifer, K.-H., 2006. *Arbeitsmethoden der Physischen Geographie.* Darmstadt: Wissenschaftliche Buchgesellschaft.

Schweingruber, F. H., 1993. *Jahrringe und Umwelt. Dendroökologie.* Birmensdorf: Eidgenössische Forschungsanstalt für Wald, Schnee und Landschaft.

University of Arizona, 2009. *Introduction to quarternaly ecology fall.* [Online] Available   at: http://www.geo.arizona.edu/palynology/geos462/13lichenometry.html [Zugriff am 15 Mai 2014].

Wikipedia,   2005.   *Wikipedia.*   [Online] Available   at: http://de.wikipedia.org/wiki/Radiokarbonmethode [Zugriff am 10 Mai 2014].

Zrost, D., 2004. *Lawinenereignisse des späten und mittleren Holozäns in den zentralen Ostapen.* Innsbruck: Leopold-Franzens-Universität Innsbruck.